神奇生物世界丛书

主　　编　　杨雄里
执行主编　　顾洁燕

拼命三郎

兽类王国大揭秘二

裘树平　编著

U0395734

上海科学普及出版社

神奇生物世界丛书编辑委员会

主　　编　杨雄里

执行主编　顾洁燕

编辑委员　（以姓名笔画为序）
　　　　　王义炯　岑建强　郝思军　费　嘉　秦祥堃　裘树平

《拼命三郎——兽类王国大揭秘二》

编　　著　裘树平

序 言

你想知道"蜻蜓"是怎么"点水"的吗？"飞蛾"为什么要"扑火"？"噤若寒蝉"又是怎么一回事？

你想一窥包罗万象的动物世界，用你聪明的大脑猜一猜谁是"智多星"？谁又是"蓝精灵""火龙娃"？

在色彩斑斓的植物世界，谁是"出水芙蓉"？谁又是植物界的"吸血鬼"？树木能长得比摩天大楼还高吗？

你会不会惊讶，为什么恐爪龙的绰号叫"冷面杀手"？为什么镰刀龙的诨名是"魔鬼三指"？为什么三角龙的外号叫"愣头青"？

你会不会好奇，为什么树懒是世界上最懒的动物？为什么家猪爱到处乱拱？小比目鱼的眼睛是如何"搬家"的？

……

如果你想弄明白这些问题的真相，那么就请你翻开这套丛书，踏上神奇的生物之旅，一起去揭开生物世界的种种奥秘。

习近平总书记强调，科技创新、科学普及是实现创新发展的两翼。科普工作是国家基础教育的重要组成部分，是一项意义深远的宏大社会工程。科普读物传播科学知识、科学方法，弘扬渗透于科学内容中的科学思想和科学精神，无疑有助于开发智力，启迪思想。在我看来，以通俗、有趣、生动、幽默的形式，向广大少年儿童普及物种的知识，普及动植物的知识，使他们从小就对千姿百态的生物世界产生浓厚的兴趣，是一件迫切而又重要的事情。

"神奇生物世界丛书"是上海科学普及出版社推出的一套原创科普图书，融科学性、知识性、趣味性于一体。丛书从新的视野和新的角度，辑录了200余种多姿多彩的动植物，在确保科学准确性的前提下，以通俗易懂的语言、妙趣横生的笔触和五彩斑斓的画面，全景式地展现了生物世界的浩渺与奇妙，读来引人入胜。

丛书共由10种图书构成，来自兽类王国、鸟类天地、水族世界、爬行国度、昆虫军团、恐龙帝国和植物天堂的动植物明星逐一闪亮登场。丛书作者巧妙运用了自述的形式，让生物用特写镜头自我描述、自我剖析、自我评说、畅所欲言，充分展现自我。小读者们在阅读过程中不免喜形于色，从而会心地感到，这些动植物物种简直太可爱了，它们以各具特色的外貌和行为赢得了所有人的爱怜，它们值得我们尊重和欣赏。我想，能与五光十色的生物生活在同一片蓝天下、同一块土地上，是人类的荣幸和运气。我们要热爱地球，热爱我们赖以生存的家园，热爱这颗蓝色星球上的青山绿水，以及林林总总的动植物。

丛书关于动植物自述板块、物种档案板块的构思，与科学内容珠联璧合，是独具慧眼、别出心裁的，也是其出彩之处。这套丛书将使小读者们激发起探索自然和保护自然的热情，使他们从小建立起爱科学、学科学和用科学的意识。同时，他们会逐渐懂得，尊重与这些动植物乃至整个生物界的相互关系是人类的职责。

我热情地向全国的小学生、老师和家长们推荐这套丛书。

杨雄里

2017年7月

目 录

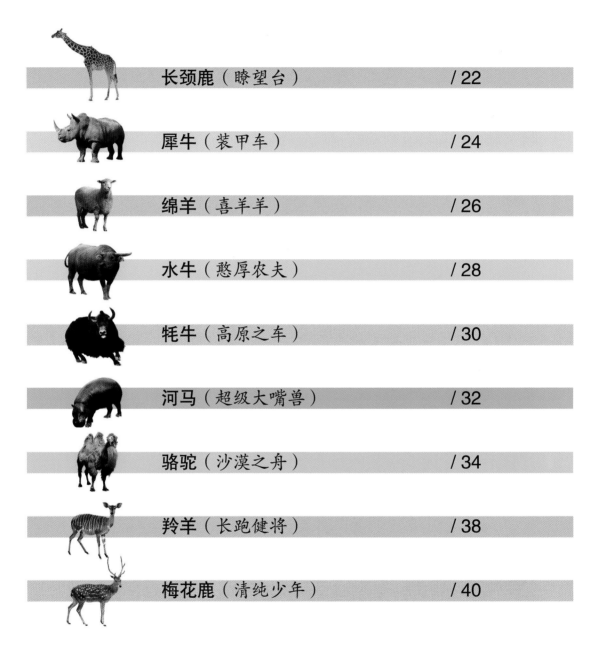

家 猪

绰号：二师兄

　　我的模样其实蛮可爱，肥胖滚圆的身体后面拖着一根小尾巴，脑袋旁垂下一对扇子般的大耳朵，眯着两只小眼睛，挺着一只向前拱起的鼻子。《西游记》中人见人爱的二师兄猪八戒，就是我的拟人化身。

　　如果注意观察的话，就会发现家猪爱到处乱拱，为什么会有这种习惯呢？原因是家猪的祖先生活在森林中，为了寻找吃的，需要用长鼻子拱开泥土，翻出土中植物的块根和块茎。而且，它们具有突出的鼻、嘴和坚强的鼻骨，用这个特殊的"嘴鼻器官"，拱土寻食就很容易了。现在，尽管家猪不愁吃喝，但拱土的习性却保留了下来。有时候，家猪在拱土时还会顺便吃些泥土，那是为了从泥土中摄取自身需要的磷、钙、铁、铜、钴等各种矿物元素。

　　有时候，人们会用"蠢猪"来形容一个人很笨，但科学家通过实验发现，猪有时比狗更聪明。例如，科学家将猪和狗关入冷藏室中，并教它们怎样按键来打开暖气，结果，猪用了1分钟就学会这个动作，而狗却花了2分钟。

　　也有的人觉得猪很肮脏，实际上，它是比较爱清洁的。在猪圈里，它会为自己划出一个角落当"厕所"，通常情况下不会随地拉屎。

　　但也有很多人把我看成是"好吃懒做贪睡"的家伙，好冤枉哦，我虽然有贪吃习惯，但吃东西不讲究，不管好坏，从不挑食。我吃的是糠菜粗食，却献出一身肥美鲜嫩的猪肉，为人类做出这么大的贡献，难道这还不够吗？

野猪

绰号：拼命三郎

我们是家猪的祖先，家猪跟随人类过安逸生活去了，我们依然在森林中艰难生存。为了彼此能互相照应，我们爱过群体生活，通常十几只组成一个大家庭。在这个家庭中，我们还设立一个专门粮仓，将吃不了的食物囤积在粮仓中，以备不时之需。

我们的力气不小，而且公野猪有獠牙，是防御和攻击的锐利武器，但我们天性胆小，不主动招惹别人。可是，一旦我受到攻击，尤其受伤之后，性情会一下子变得异常凶猛，简直就像拼命三郎，和对手进行不死不休地搏杀。

物种档案

外出寻食的野猪群，通常会先派出一个"侦查员"探查前方安全与否，一旦得到"侦查员"发现敌情的报警信号，整个野猪群会突然静止下来，一个个泥塑木雕似的一动不动。它们的伪装隐蔽很到位，若不是偶尔抽动一下耳朵的话，你还真以为一群野猪突然消失了。

野猪最爱吃玉米，而且善于判断玉米是否成熟。当它们进入玉米地后，只要轻轻拱一下玉米秆，如果发出"沙沙"声，表示玉米已经成熟，若声音很轻，说明玉米还没成熟，不必急于"收割"。有趣的是，生活在寒冷北方的野猪有个怪脾气，在冬季，宁可长途跋涉到远方找吃的，也不动附近的食物。这是因为那儿的冬季很冷，寻食困难，窝边附近的食物只能在万不得已时才能动用。

野猪家庭为了使下一代更好地学会谋生本领，在家庭中还设立了专门的"野猪学校"。进入"学校"的小野猪们，要学的内容很广泛，其中包括如何寻食、如何避敌、如何搏斗等。小野猪和人类儿童一样爱模仿，学着"老师"的各种动作，用不了多久便能学得像模像样了。

黑熊

绰号：大力士

我是熊类家族中的"中国公民"，在中国很多地方都能见到我的踪影，南方人习惯叫我狗熊，北方人则喜欢称呼我"黑瞎子"。我的身材魁梧，是动物界中的大力士，只要挥手一巴掌，就能打断一棵小树。不过我的四条腿很短，走起路来摇摇晃晃，看上去笨头笨脑的样子，但也千万别小看我，我既是游泳能手，也是爬树专家。

我虽然身躯笨重，但爬树时却显得很轻巧。在我一生中，很多时间都消磨在树上，一有空，我就上树摘果子，有时也会在树上睡一觉。

物种档案

有人把黑熊比喻为"胆小的大力士"，还真有点道理。论战斗力，黑熊并不比那些猛兽差，只不过天性胆小，遇到凶恶的敌人首先是逃跑，只有在万不得已的情况下，才会和对方搏斗。黑熊喜欢待在树上，除了找吃的，另一个原因是为了躲避老虎和金钱豹之类的猛兽。

当冬季快降临时，黑熊会拼命寻找食物多吃，尽量将自己养得又肥又胖，体内有了大量的脂肪储存，在冬眠时不吃不喝几个月也能熬过去。只是，黑熊并不像其他冬眠动物那样，睡得很死，如果在冬眠时遇到暖和的冬日，或者受到突然惊吓，它会马上醒过来，到外面溜达一番，然后再继续睡。

黑熊和所有其他熊一样，都属于杂食性动物，几乎什么都吃，但最爱吃的是蜂蜜，只要发现蜂巢，就会在树下久久徘徊，千方百计想把美味弄下来。黑熊明知野蜂不好惹，但为了甜美的蜂蜜，常常硬着头皮爬上树，结果脑袋被野蜂乱刺乱螫，尽管毛长皮厚，还是疼痛难忍，甚至脸都被螫肿，可黑熊依然不退，直到扯下蜂巢、吃光蜂蜜为止。

棕熊

绰号：森林巨人

　　在熊家族中，我是最厉害的成员，站起来身高有3米多，体重最多能达到800千克。在中国古代的书中，经常提到"罴"，罴实际上就是棕熊我。因为我时常会直立行走，脚印与人类的足迹相似，所以很多人又称我"人熊"。

由于棕熊有可怕的力量，尤其是它粗壮的熊掌格外有力，就连老虎都难以承受它的一掌之力。所以在人们的心目中，棕熊是很可怕的动物。但奇怪的是，在中国和其他一些国家，流传着这样一种说法，当你在森林中与棕熊遭遇时，只要躺在地上装死，就可以免受棕熊的袭击。很多人对这种说法信以为真，甚至还把它当做经验传授给别人，但它的可靠性却受到了科学家的质疑。

科学家通过分析大量人熊遭遇的案例，得出了完全相反的结论。他们认为，当人类和棕熊遭遇后，一旦棕熊向人类发起进攻，若想从熊掌下逃生，最好的办法是与棕熊展开殊死搏斗。为了证实这个结论，科学家到深山老林进行实地考察，调查了48位猎人，这些猎人都遭遇过棕熊，也都与棕熊搏斗过，没有一人是通过装死而逃生的。

其实道理也很简单，棕熊遇到人类后，有时会误以为此人要伤害自己，所以奋起反击。另一个可能是，棕熊想与遭遇的目标玩耍，这时候如果人类装死躺下，身体被棕熊压一下或坐一下，简直就和自杀没啥两样。

熊类中最小的成员是马来熊，身高只有1米多，体重不超过50千克。因为它生活在东南亚和我国云南地区，那儿的气候很炎热，一年四季没有大冷天，所以别的熊要冬眠，而马来熊却没有冬眠习惯。

北极熊

绰号：冰原之王

　　我生活在一个冰天雪地的世界，也就是地球最北边的北极。那儿非常寒冷，可是我不怕，因为我的体内有一层厚厚的脂肪，身上还有双层皮毛，就像穿了两件大棉袄，再冷的气候也冻不坏我。我的双层皮毛还有特别讲究，外层是油性针毛，游泳时能防止海水浸入；内层是充满空气的绒毛，如同羽绒衫一样，能起到很好的保温作用。

　　北极的冰原很光滑，但我在上面行走不会摔跤，那是因为在我的脚掌上有一层很厚的密毛，就像特制的防滑靴底，不容易打滑。

北极熊身材肥胖笨重，看上去一点都不灵活，但它却是出色的游泳健将，有时为了捕食海中的游鱼，它能在冰冷的海水中，一下子游20多千米呢。

北极熊除了捕鱼，有时还把狩猎目标瞄准那些体形硕大的海兽，尤其是海豹，北极熊最感兴趣。捕猎海豹需要足够的耐心和观察力，所以北极熊的第一步是侦查。当它在冰原上发现一个冰洞，并确定是海豹的透气孔之后，便耐心地守候在冰洞边上，等待水下的海豹出来换气呼吸。一旦发现海豹从冰洞中探出脑袋，北极熊立即发起突然袭击，挥动前掌，猛击海豹。北极熊的掌力惊人，通常只需要一掌就能击昏猎物。

当北极冬天即将到来时，北极熊会在雪堆中挖一个很深的雪洞，并在洞口筑起一道雪墙，挡住外面呼呼作响的凛冽寒风。接下来的几个月，北极熊都睡在雪洞中冬眠。雪洞不仅是它的冬眠之处，也是它生孩子的产房。不可思议的是，刚刚诞生的幼北极熊，仅仅只有小老鼠般大小!

大熊猫

绰号：萌宝宝

我的外表黑白分明，在眼睛周围有一对黑色大"眼眶"，仿佛大白脸上画了一个"八"字，模样可爱，性格呆萌，成为最受人类欢迎的动物萌宝宝。当然，我也是世界上最珍贵的动物之一。

胖乎乎的我行动当然就不灵活，走起路来一摇一摆，慢吞吞的，根本没能力捕捉猎物，但幸亏我还有两项保命本领。一是如果在河边遇敌，我会跳入河中游泳脱身；二是如果在森林遇敌，我会利索地爬上大树，使敌人无可奈何。

小熊猫

物种档案

大熊猫的祖先是食肉动物，可是它们行动笨拙迟缓，很难捕捉到足够的猎物。为了生存，它们慢慢改变食性，挑选箭竹的嫩叶作为主食。1981年，大熊猫故乡的箭竹林突然一起开花，一起枯死，很多大熊猫不得不忍饥挨饿，甚至饿死。后来，国家立即派人到四川补种了箭竹，帮助大熊猫逃脱了灾难。说句实在话，对绝大多数食草动物来说，竹叶竹笋是很难吃的食物，大熊猫之所以挑选它作为主食，也是为了避免与其他食草动物竞争食源，保证自己填饱肚子。其实，大熊猫也会尝试着逮竹鼠，因为鲜美无比的竹鼠肉才是它最渴望的食物。

大熊猫对幼儿无比溺爱，总是日夜抱着刚生下的孩子，无论到哪里都不肯离开片刻。但是，过分的溺爱也会发生意外悲剧，有时候，大熊猫母亲在熟睡中翻身，不当心就将孩子压死了。

很多人以为，小熊猫就是大熊猫的孩子，那可就大错特错了，它们是完全不同的两个物种。小熊猫在尾巴上有9个黄白相间的环纹，因此又叫九节狼。小熊猫全身披着棕红色的毛，能爬善跳，动作灵活得像只猫。

大 象

绰号：长鼻巨兽

"耳朵像扇子，腿脚像柱子，身体像房子，鼻子像钩子"，这是我为自己编的一个谜语，是不是很形象？

我是陆地上的最大动物，身高3米，体重6吨。我的4条腿好像4根粗粗的圆柱，一个脚印足有脸盆大小。我还有一对长长的獠牙，也就是人类常说的象牙，每根2～3米长，25～40千克重，而且非常坚硬，是我用来防御和进攻的有力武器。可悲的是，也正是因为这对象牙，用它雕刻出的工艺品极为珍贵，所以，我的不少同伴死在偷猎者的枪口之下。

物种档案

在大象身上，最为显著的特征是那条长鼻子，也是它最为有用的工具。大象长鼻除了嗅觉之外，还能代替手的功能，不仅能从地上卷起细小的物体，还能轻松地摘取树上的果实。到了大热天，大象需要经常洗澡，这就需要长鼻子来帮忙了。洗澡时，它用长鼻子吸足水，然后高高伸起，鼻孔朝下"哗哗哗"地往身上喷洒，简直就是人类淋浴用的莲蓬头。

身体笨重的大象并不擅长游泳，但是当它遇到河流阻挡，却另有办法渡河。哪怕河水比较深，甚至没过它的全身，它也敢下去。因为大象过河时，只要把长鼻子高高举出水面，有了这根"天然通气管"就不会呛水了。

大象是感情丰富的动物，对死去的同伴往往难舍难离。科学家曾经观察到这样一幕：一头老象死去后，一群大大小小的象围着死者发出阵阵哀号，然后，为首的大象用象牙掘松泥土，用鼻子卷起土块搬放到死者身上，在边上的群象纷纷效仿，一起把土块、石块和树枝撒向死者。它们将死象埋好后，再用脚踩实，直到为首的大象一声号令，群象才绕着"象坟"慢慢行走，向同伴作最后告别。

作为陆地最大动物，我们的力气当然也最大，当我发怒时，能把大型动物卷起，然后远远扔出，甚至还能卷住碗口粗的大树，将它连根拔起，所以，那些所谓的兽中之王也对我敬而远之。现在，我们中的很多同伴都成为人类的好朋友，并帮助人类干活。例如搬运木材，面对几百千克重的圆木，只要长鼻一伸，就能轻松卷起，一头象就能完成二三十个小伙子的工作。我力气大，胃口自然也大，每天要吃几百千克的青草、树叶和瓜果，才能填饱肚子。

非洲象

亚洲象

物种档案

根据生活地区的不同，大象分为非洲象和亚洲象两种，粗粗一看，两者似乎差不多，但仔细观察的话，还是能发现不少差别。非洲象的个头较大，耳朵大，鼻尖有两个突起，前脚4个蹄，后脚3个，额头平坦，背部平坦，公象和母象都有差不多大小的象牙。而亚洲象的个头相对小一些，耳朵小，鼻尖只有1个突起，前脚5个蹄，后脚4个，额头处有两个凸起，背部向上拱起，公象的象牙大，母象的象牙小。

大象的脾气温顺，但因为它力大无穷，没有谁敢去招惹它，所以，它在地球上几乎没有天敌。可是有些人却说，大象最怕老鼠，因为老鼠个头小，能从长鼻子里钻进去，使大象透不过气来，甚至还会一直钻到脑袋里面。这完全是胡说八道，没有任何科学依据。也许是因为这种说法流传很广，科学家专门为此去了泰国，考察了几个圈养大象的地方。那儿的确有很多老鼠，但从没见过大象因为老鼠而受到伤害。其实根据常识也能得出结论：就算老鼠钻进大象鼻孔，只要大象一甩长鼻，就能将老鼠甩出去。

马

绰号：奔腾

　　我有4条强壮有力的腿，一张长长的脸，额头和颈部披散出美丽的鬃毛。我的最大特点是善于快速奔跑，千百年来，人类骑着我们东奔西跑，而且经常要我们拉车驮货。

　　在自我介绍的同时，也必须介绍一下我的近亲——驴。驴的体形和我相似，但个头小一些，两只大耳朵朝上竖起，一身灰黑色的皮毛。当"驴帅哥"和我们"马美女"结婚，生下的孩子既不是马，也不是驴，而是高大强壮的骡子，力量上远远超过父母。但是反过来，"马帅哥"和"驴美女"生下的孩子，则是羸弱的马骡，没有任何实用价值。

　　人类驯养马已经有数千年历史了，对马的各种习性，也了解得越来越深入。一些常年和马生活在一起的牧马人，只要看看马的耳朵变化，就知道马儿的状态如何，也就是说，马的耳朵会表示出喜、怒、哀、乐等各种感情。

　　当马儿"心情舒畅"时，耳朵便会有力地竖起；当马儿"心情不愉快"时，耳朵会前后不停地摇动；当马儿感到兴奋时，耳朵常常倒向后方；当马儿觉得疲劳时，耳根会显得无力，倒向前方或两侧；当马儿受到惊吓，感到恐惧时，耳朵会不停地紧张摇动，并不停地"打响鼻"。更有意思的是，当马儿的身体某一部分感到痒痒时，会用巧妙的动作请同伴帮忙：轻轻去咬另一匹马的同样某个部位，而这个部位恰恰是自己发痒的地方。这时，被咬的同伴马上心领神会，用啃咬的方法为对方挠痒痒。

　　我们知道，牛羊是躺着睡觉的，而马却站着睡觉。这是因为马是由野马驯化而来的，野马生活在宽阔的草原地带，经常遭受豹、狼等猛兽袭击。毫无战斗力的野马只能随时保持警惕而站着睡觉，使逃跑更方便。

马

驴

骡子

斑 马

绰号：**人行道**

我是非洲特有的食草动物，外形很像马，但身上有非同寻常的条纹，黑一条，白一条，互相间隔，好像艺术家画出来的图案。我们的外形看上去都差不多，其实有三个种，那就是山斑马、细纹斑马和普通斑马。

由于我身上的条纹黑白分明，特别醒目，聪明的人类从中得到启示，在城市的马路上，就用这样的条纹画成人行横道线，并俗称它为"斑马线"。后来，人类又模仿我身上的条纹，设计出了条形码，印在商品的包装袋上，大大减轻了售货员的劳动强度和差错率。

物种档案

斑马以青草和嫩枝嫩叶为主要食物，喜欢集群生活。它们虽然善于奔跑，听觉、嗅觉和视觉都不错，但御敌能力太差，所以常遭狮子的追袭。

斑马身上条纹的宽窄，与种类有关，美丽的条纹是同类之间的识别标记，就像人类中的独特的指纹，没有重复。所以有人还很形象地将斑马条纹比喻为"身份证"。

斑马条纹还有更重要的作用，那就是作为适应环境的保护色。在阳光或月光的照射下，由于黑白条纹吸收和反射光线强度的差异，能破坏和分散身形的轮廓，放眼望去，很容易与周围环境融合。如果它站着不动，就算距离很近也难辨认，从而减少被猛兽侵害的机会。这种保护色是长期自然选择的结果，一些条纹不太明显的斑马，逐渐被猛兽吃掉，条纹显著的则容易生存，这种有利于生存的性质代代相传，才有了今天的斑马。

科学家还发现，斑马条纹能防止采采蝇的叮咬。在非洲，采采蝇是讨厌的吸血昆虫，喜欢叮咬食草动物，但很少骚扰斑马。原来，黑白分明的条纹容易分散采采蝇的注意力，使它自动飞走了。

长颈鹿

绰号：瞭望台

我是世界上最高的动物，4条腿长，脖子更长，如果站起身、扬起头，足有5米多高，尤其是站立在平坦的非洲大草原上，就像一座有生命的瞭望台。

脖子长的最大好处是找吃的容易，只要转转脑袋，就能吃到树上的鲜果和嫩枝嫩叶。但脖子太长也有痛苦的时候，那就是低头喝水太难了。在河边，我必须用足力气叉开前腿，才能勉强低下头喝几口河水。所以，我有超强的耐渴本领，这不是说我体内不需要水分，而是可以通过吃大量含水量多的嫩叶来补充。

物种档案

长颈鹿的脖子为什么那么长？科学家解释说，它的老家在非洲草原，生活在那里的古代长颈鹿并没有现代长颈鹿那么高，脖子也不长。由于自然环境的不断变化，大草原上的矮小灌木不断减少，这样一来，依靠嫩叶为食的长颈鹿，必须拼命扬起脖子才能吃到较高树上的嫩叶。经过长期的自然选择，一些个头较高、能吃到较多树叶的长颈鹿，有了更多的生存机会，而矮个子则渐渐被淘汰，久而久之，长颈鹿的脖子就越变越长了。

关于长颈鹿的身体构造，有两个令人吃惊的数字。一是它的长脖子内竟然只有7块脊椎骨，和我们人类的一样多，不同的是，它的每一块脊椎骨都特别长。二是长颈鹿的血压特别高，因为它要把血压送到高高在上的大脑，必须提高血压，所以，长颈鹿的血压要比人类正常血压高出两倍！如果其他动物也有这样的血压，马上会脑溢血死去。

斑马是长颈鹿的好朋友，彼此形影不离，原因在于长颈鹿身材高，当猛兽还在很远时就能发现，而斑马正是受益于长颈鹿这个"瞭望台"，能及早获知敌情。

犀牛

绰号：装甲车

　　我的名字中有个"牛"字，样子也像牛，但我并不是牛科动物。我们犀牛有好几种，有的头上长一只角，有的长两只，顺便再告诉大家一个小秘密，我脑袋上的角不是从头骨上长出来的，而是鼻子上的硬毛变成的。

　　身强力壮的犀牛，虽然体重有10～30吨重，是地球上第二大的陆地动物，但它生性胆小，而且是深度近视眼，所以很少主动攻击人畜。可是，如果它在睡觉时受到骚扰，惊醒后的犀牛会大发牛脾气，用鼻梁上的尖角作为武器，疯狂地追赶骚扰者。这时候的犀牛很可怕，战斗力超强，就连号称"非洲霸主"的狮子也要退避三舍。曾经有人观察到一场惊心动魄的大战，一只发脾气的犀牛独斗3只狮子，还用牛角将其中一只狮子顶成重伤。

　　犀牛虽然有"刀枪不入"的坚韧厚皮，但皮肤的皱褶内部却很娇嫩，常常有一些蝇、牤之类的吸血小昆虫钻进去，害得它又痛又痒，痛苦之极。由于犀牛没有像马那样的长尾巴，无法赶走那些讨厌的吸血昆虫，只好采取最笨的办法，将身体躺在泥浆水中，不停翻滚，利用泥浆封闭皮肤的皱褶，减轻一些痛苦。值得庆幸的是，犀牛有一位好朋友，名叫犀牛鸟，它们常常三两成群地结伴栖息在犀牛背上，从它的皮肤褶皱中啄出吸血小昆虫，使犀牛感到浑身舒服。当然，小鸟在帮助犀牛的同时，自己也填饱了肚子。

　　在哺乳动物中，皮肤最厚的是河马，足有25毫米；我虽然只有20毫米厚，但结实程度却远超河马。摸一摸我的身体，就知道我的皮有多么坚硬柔韧，看上去就像古代大将军，一身的"铠甲"威风凛凛，刀枪不入。

绵羊

绰号：喜羊羊

我是爱吃草的动物，只要是有草原的地方，都能见到我的身影。我身上长满雪白的卷毛，仿佛裹着一层厚厚的棉花，看上去就像一个圆滚滚的大棉球。人类每过一段时间就要为我们剪一次羊毛，用剪下的羊毛加工成柔软的羊毛衫、羊毛毯和其他保暖衣物。

我们不喜欢单独活动，总是成群结队地聚在一起，甚至几百只、几千只地组成一个庞大的绵羊群。幸好，每个羊群中都有一个首领，也就是人类所说的头羊。人类只需指挥头羊，它走到哪儿，我们大家都会寸步不离地跟随它。

大角羊　　　　　　　　　　山羊　　　　　　　　　　岩羊

物种档案

　　人类驯化成功的羊主要有两种，除了绵羊，还有一种是山羊，它们之间有不少差别。绵羊有卷毛，爱集群，尾巴肥大，只有公绵羊头上长着弯曲的角，母绵羊的角很小，甚至没有。山羊身上的毛笔直，爱单独活动，尾巴短小但会发出浓烈的膻味，大多数脑袋上都有细长的角。山羊最典型的特征是下巴处有一撮"山羊胡子"，好像一位上了年纪的老人。

　　羊的家族中，还有不少成员未经人类驯化，例如号称"攀岩专家"的岩羊。岩羊栖息在海拔几千米的高山裸岩之地，那儿没有森林，甚至连灌木都很少见，到处是崎岖难行的山岩，但在岩羊的脚下却如履平地。岩羊攀登山峦的本领在动物界中是无与伦比的，遇到猛兽或猎人，能在乱石间迅速跳跃，并攀上险峻陡峭的山崖。

　　在羊的家族中，还有一位叫大角羊的成员。它生活在北美洲的山区，身高体壮，尤为突出的是，脑袋上有一对超级巨大的角。大角羊通常成群生活，每个羊群有自己的头领。凡是外出行动，都由头领在前面探路，并留下气味通知后面的同伴，前方安全或危险。

水 牛

绰号：憨厚农夫

　　我是身材魁梧、性格温顺的食草动物，长期以来和人类和睦相处，为人类耕田犁地，勤勤恳恳，任劳任怨，辛苦一生。

　　我叫水牛，从名字上就能看出我喜欢在有水的环境中生活，同样我也害怕寒冷，喜欢温暖，所以我最喜欢居住在我国南方的水乡地区。我有一对粗大弯曲的空心牛角，体格粗壮，力大无穷，能挽起身体2倍重的东西，最适宜在水田耕作。

　　我在夏天特别爱洗澡，因为我身上的黑厚牛皮不容易出汗，只能将身体浸入水中，帮助散发体内热量，还可以防止讨厌的牛虻叮咬。

曾经有小朋友提出这样一个问题，牛的嘴巴为什么老是在咀嚼？哪怕眼前没有任何食物，嘴里还是嚼得津津有味。其实，不仅是牛，还有羊、鹿和骆驼等食草动物都有这个习惯。原因就是它们的胃与众不同，一个胃竟然分成4个"房间"，或者说，它们有4个胃！

牛在吃草的时候，没有嚼碎就先吞咽下去，藏在第一个"房间"，即瘤胃中储存起来，让胃里的水分浸泡变软，然后进入第二个"房间"，即网胃。食物在网胃中被加工成小团后，再返回到嘴里细细咀嚼，最后才到第三、第四个"房间"，即瓣胃和皱胃内充分消化。这种把吃进去食物再返回口中细嚼的现象叫反刍。这类食草动物之所以有反刍现象，是一种生物学适应，有助于它们在旷野中快速吞食，然后再躲到安全处慢慢咀嚼。

顺便再说一种与牛有关的珍贵中药——牛黄，它究竟来自哪里？我们知道，人类患上了胆结石症，胆囊中就出现了"石头"。牛也会产生类似的"石头"，而牛黄恰恰就是牛的胆囊结石。

牛黄

牦 牛

绰号：高原之车

　　除了人类以外，我是世界上生活在海拔最高处的哺乳动物，所以，只能在我国西北的青藏高原才能见到我的身影。那儿通常海拔3000米以上，常年冰雪，非常寒冷，但我的皮毛粗硬，浑身长满了30多厘米长的毛，不仅覆盖身体各个部位，甚至还能垂到地面，有了这身"毛毯"，就算躺在冰层上睡觉也不会感到太冷。

　　我很适应寒冷的高原环境，不仅能在陡坡险道、雪山沼泽中行走，还能游渡江河激流，所以就获得了"高原之车"的美称。不仅如此，我在茫茫荒原雪岭中善于辨认道路，常常受到旅游者的夸奖，说我是"无言的向导"。

物种档案

黄牛

　　牛的家族中还有不少其他种类，其中最熟悉的要数黄牛。黄牛的个头比水牛小一些，全身金黄色或黑褐色的皮毛，一副温顺慈祥的神态，擅长在旱地耕作。它的适应能力很强，在炎热夏季不惧日光照射，不怕酷热；在寒冷冬季，不畏严寒，不惧大风。而且，黄牛对不少疾病有特殊的抵抗力。

奶牛

　　如果我们去奶牛场，可以见到许多又高又大、肤色特殊的牛，它们身上白一块，黑一块，仿佛穿了一件花衣裳，这是牛类家族中的另一个特殊种类——奶牛。最常见的奶牛是荷兰花奶牛，它们不会耕田犁地，但产牛奶的本领超强，普通的荷兰花奶牛每年能挤出牛奶7000千克，最多的可以超过1吨！

　　野牛是没有被人类驯化的牛科动物。它身高2米多，体重通常超过1吨，主要生活在美洲。这种曾经遍布地球各个角落的常见物种，由于受到人类疯狂捕杀，到现在，除了动物园和私人农场中，真正野生的野牛已经不到2万头了。

野牛

河马

绰号：超级大嘴兽

　　我有一个巨大的脑袋，还有一张更为巨大的嘴巴！要问嘴巴究竟有多大？如果我将大嘴完全咧开，能一口吞下一个小孩！不过，大家千万别误会我是可怕的食人兽，其实我的模样虽然很恐怖，但我从来不吃人，甚至连小动物都不吃，因为我和那些温顺的牛羊一样，只吃植物不吃肉。

　　平时，尤其在白天，我们都爱把整个身体浸泡在河水中，直到晚上才慢慢爬上河岸，大吃一顿岸上的嫩草嫩叶。为什么我不爱上岸活动呢？那是因为我的皮肤很娇嫩，最怕太阳暴晒。如果上岸晒太阳时间一长，皮肤表面就容易"流血"，当然，那红色液体不是真的血，而是皮肤分泌出来的保护液，能防止皮肤干裂。

物种档案

河马是生活在非洲大河和湖泊中的大型动物，通常有3~4米长，1.5米高，3~4吨重。大多数的哺乳动物浑身是毛，而它恰恰相反，全身上下光溜溜的。它们喜欢成群结队的家族生活，每一个家族都有一条共同的规定，那就是雌河马和孩子占据河流的中心位置，年轻力壮的雄河马就像守卫者那样在最外面。

如果你仔细观察的话就会发现，河马的鼻子、眼睛和耳朵都长在头顶上，有什么特别意义呢？原来，河马待在水中的时候会感到最安全，但同时又想随时了解外界的情况，而位于头顶部的耳鼻眼恰恰解决了这对矛盾。水中的河马只要微微露出脑袋，这三种感觉器官正好超出水面一点点，这样，河马既能很好地隐蔽自己，又能呼吸新鲜空气，看到外面的世界，还能听见周围的动静。

野生的河马性格比较温顺，但经过特殊的人工训练之后，反而变得非常凶狠。在古罗马的斗兽场中，经常能见到河马格斗的表演。参加格斗的河马先是面对面进行"吼声战"，如果吼叫声不分上下，便开始"顶撞战"，双方用强大的头部向对手猛烈冲击，希望将对手顶翻。最激烈的是"咬战"，它们张开大嘴猛咬对手，双方都被咬得鲜血淋漓，直到一方倒地认输为止。

骆驼

绰号：沙漠之舟

　　茫茫大沙漠，不仅干旱缺水，而且天气变化无常。白天，炽热的阳光将沙地烤得火热，但到了夜晚，气候一下子又变得非常寒冷。对绝大多数动物来说，沙漠是无法生存的环境，只有我们骆驼，不怕酷热严寒，不怕饥饿干渴，所以人类将我们称为"沙漠之舟"。

　　为了应付沙漠中昼夜温度的巨大变化，我的体温会根据外界气温的升降，随时发生变化。例如，我在寒气袭人的清晨，体温为33摄氏度，到了酷热的中午，会升高到40摄氏度。随着夜幕降临，我的体温又会慢慢下降。

物种档案

　　在动物界，最能吃苦耐劳的动物要数骆驼了。一只骆驼能驮200千克重的货物，在沙漠中连续走3天。空身的时候，骆驼每小时可快步奔走15千米，并且连续8小时不停。

　　在沙漠中行走，常常会遇到可怕的沙尘暴，狂风肆虐，黄沙滚滚，天昏地暗，仿佛世界末日降临。但骆驼会不慌不忙地卧倒，闭上眼睛，等沙尘暴过去后再站起身，抖掉身上的沙子，继续前进。

　　烈日下的沙漠，地面温度能够烤熟鸡蛋。为了适应在滚烫的沙地上行走，骆驼的脚掌下有厚厚的肉垫，如同有了隔热层，防止脚掌烫伤。不仅如此，骆驼的脚掌特别宽大，而且走路时脚趾向前方叉开，这样，在松软的沙面上行走，脚掌不会陷到沙窝内。

　　如果注意骆驼行走的姿态，就会发现它总是高高地昂起头，这可不是在表现高傲，而是为了保护眼睛，尽量不被地面反射的高热灼伤。除此以外，骆驼有像帘子一样的双重眼睫毛，还有能够自动关闭鼻孔和耳朵的密毛，使鼻子耳朵免遭风沙侵入。

　　我们骆驼一家有两兄弟，一种是背着一个驼峰，主要分布在非洲和阿拉伯地区，名叫单峰驼；另一种背上有两个驼峰，大多在亚洲中部的沙漠地区安家落户，名叫双峰驼。

　　不管是单峰驼还是双峰驼，我们两兄弟的耐渴本领都很强，而且，如果遇到水源，我们喝水的本领也是惊人的。我们一只骆驼，能在10分钟内喝下100多升水，差不多100瓶啤酒的容量！不仅喝得多，而且身体保持水分的能力也超强，一天最多只排出1升左右的尿，所以，在炎热的沙漠中，七八天不喝水也不会渴死。

物种档案

羊驼

只要提起骆驼，它身上高高隆起的驼峰是最令人注目的特征。很多人以为，驼峰也许是骆驼的蓄水罐，里面藏着很多水，在干渴难忍的时候可以救急。这仅仅说对了一半，其实在驼峰中储藏的东西是脂肪，而且数量很多，差不多有全身重量的五分之一！因为骆驼在沙漠中长途跋涉，路途中几乎没有植物可吃，所以需要储备足够的能量。当它饥饿时，就依靠驼峰内的脂肪来维持生命，同时，脂肪在氧化过程中还能产生水分，有助于维持生命活动。可以这样说，骆驼的驼峰既是"营养仓库"，又是"水壶"。

除了单峰驼和双峰驼，骆驼科中还有几种骆驼的"表兄弟"，主要分布在南美洲。其中最著名的是羊驼，形态有点类似骆驼，但是比骆驼小，体重约60千克。羊驼是最受印第安人喜爱的家畜之一，可以用来驮运货物和剪取驼毛。

羚羊

绰号：长跑健将

　　我们羚羊有很多种类，高的矮的，大的小的，但所有种类都有以下的共同特点。大部分羚羊的头上都长角，身体轻巧敏捷，蹄子又小又尖，每小时能奔跑60~70千米，而且耐力长久。人类称我们为动物界的"健美长跑家"，因为我们不仅跑得快，而且奔跑姿势很优美，前腿向前伸直，后腿向后伸直，与身体几乎成一条直线，就像芭蕾舞演员在做"一"字飞腾。

　　动物学家说，羚羊和牛羊是近亲，因为我们都有一个共同祖先，那是一种小型古代动物，经过漫长岁月的演化，发展出了羚羊、牛和羊三类动物。

物种档案

藏羚羊是我国青藏高原的特有动物。它身上的毛又短又密，浅棕红色，腹部白色。最引人注目的是它有一对精巧美观的角，好像两条细长的鞭，上面有十多个横突。它的双角长得很对称，从侧面看仿佛是一只角，所以也有人叫它"独角兽"。藏羚羊有个怪现象，它们常常在地面挖个浅坑，然后将身体藏进去，只露出脑袋和长角，据说这是为了躲避风沙。

斑羚又叫青羊，看上去有点像山羊，但是下巴处没有胡子。它生长的地方需要有两个条件，一是地形险恶，遇到敌人能利用复杂的地形逃脱。二是附近必须有树林和灌木丛，以便在大风雪或烈日暴晒下藏身。

在羚羊家族中，个头最大的是大角斑羚。它的体重大约600千克，比一般的水牛还大。大角斑羚不仅体态健壮，更为夺人眼球的是那对螺旋状的双角，笔直向上，仿佛两把刺向青天的利剑。可惜的是，它们的数量已经非常稀少，若不加以重点保护，很快将趋于灭绝。

藏羚羊

斑羚

大角斑羚

梅花鹿

绰号：清纯少年

人人都喜欢我，人人都说我可爱，因为我的神态是那样的善良无辜，如同刚刚踏上社会的清纯少年。平时，我总是一脸担惊受怕的样子，瞪着一双渴求援助的大眼睛，仿佛时刻在担心危险降临。

我们只有雄鹿长角，刚长出来的新角，外面包着一层有茸毛的皮肤，那就是著名的滋补药材——鹿茸。这时候，人类会把新生的鹿茸锯下来，虽然很痛，但为了帮助虚弱的病人和老人，我们的付出也算有价值了。鹿茸外面的茸毛脱落后，才会变成真正的鹿角。以后，每脱落一次茸毛，鹿角上就增加一个分叉。

麋鹿

物种档案

鹿科动物的成员有50多种，它们中最大的是驼鹿，体重达800千克，头上的角与众不同，像两把扁平的大铲子。驼鹿不仅在陆地上行动敏捷，而且还是出色的游泳高手。最小的鹿是鼷鹿，身高不到30厘米，体重不超过2千克，头上没有角，奔跑时就像一只野兔。

马鹿也是鹿科动物中的大个子，体重超过400千克，只有雄鹿有角，但奇怪的是，鹿群中的头领却是一头年长而有威信的雌鹿。

中国特有的珍贵鹿科动物有白唇鹿和麋鹿。白唇鹿的最大特点是下唇和吻部两端纯白色，已被列为国家一级保护动物。麋鹿的经历很曲折，它们在清末时期已经在国内彻底绝迹，只有少量被国外传教士带到欧洲，直到1956年，第一批麋鹿才回归祖国。麋鹿的形态可以用四句话形容："角似鹿而非鹿，蹄似牛而非牛，身似驴而非驴，头似马而非马"，所以，大家都习惯叫它四不像。

在鹿科动物中，有些种类的名称中没有"鹿"字，例如能产生麝香的麝，皮毛珍贵的麅，还有狍子和獐，都是鹿科动物中的成员。

驼鹿

鼷鹿

马鹿

白唇鹿

图书在版编目（CIP）数据

拼命三郎：兽类王国大揭秘二 / 裘树平编著. — 上海：上海科学普及出版社, 2017
（神奇生物世界丛书 / 杨雄里主编）
ISBN 978-7-5427-6949-7

Ⅰ.①拼… Ⅱ.①裘… Ⅲ.①猪—野生动物—普及读物 Ⅳ.①Q959.837-49

中国版本图书馆CIP数据核字（2017）第 165816 号

策　　划	蒋惠雍
责任编辑	柴日奕
整体设计	费　嘉　蒋祖冲

神奇生物世界丛书
拼命三郎：兽类王国大揭秘二
裘树平　编著
上海科学普及出版社出版发行
（上海中山北路832号　邮政编码 200070）
http: //www.pspsh.com

各地新华书店经销　　上海丽佳制版印刷有限公司印刷
开本 787×1092　1/16　印张 3　字数 30 000
2017年7月第1版　2017年7月第1次印刷

ISBN 978-7-5427-6949-7
定价：42.00元
本书如有缺页、错装或损坏等严重质量问题
请向出版社联系调换
联系电话：021-66613542